Originaltitel: *Symmetry. The Ordering Principle*
Originalverlag: Bloomsbury USA, New York

Bibliografische Information der Deutschen Nationalbibliothek
Die Deutsche Nationalbibliothek verzeichnet diese Publikation
in der Deutschen Nationalbibliografie;
detaillierte bibliografische Daten sind im Internet unter
http://dnb.d-nb.de abrufbar.

© by David Wade 2006
© der deutschsprachigen Ausgabe Bibliographisches Institut GmbH,
Dudenstraße 6, 68617 Mannheim, 2011
Artemis & Winkler Verlag, Mannheim
This translation published by arrangement with Bloomsbury USA,
a division of Diana Publishing, Inc.
All rights reserved.
Umschlagmotiv: © Bloomsbury – Walker & Co.
Umschlaggestaltung: © init . Büro für Gestaltung, Bielefeld
Printed in Austria
ISBN 978-3-538-07311-1
www.artemisundwinkler.de

MACHT DER SYMMETRIE

David Wade

Aus dem Englischen übersetzt von
Michael Schmidt

Artemis & Winkler

Für Emile Boulanger

Alle Bilder stammen vom Autor, außer dem japanischen Kiefernrindenmuster auf Seite 45 (aus »Japanese Patterns« von Jeanne Allen, mit freundlicher Genehmigung von Chronicle Books) und dem Porträt von Emmy Noether von Jesse Wade auf Seite 51.

Empfohlene Lektüre: »Symmetry and the Beautiful Universe« von Leon Lederman und Christopher Hill, »The Equation that Couldn't be Solved« von Mario Livio, oder »Symmetrie. Eine neue Art, die Welt zu sehen« von István und Magdolna Hargittai.

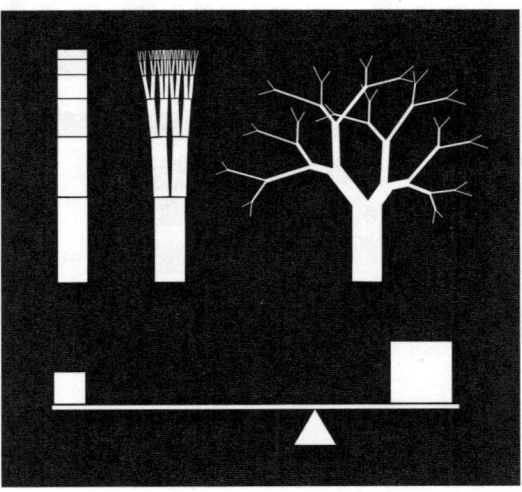

»*Lasst uns Proportionen nicht nur in Zahlen und Maßen finden, sondern auch in Tönen, Gewichten, Zeiten und Positionen und in jeder Kraft, die es gibt.*« Leonardo da Vinci.

Oben: Da Vincis Vermutung, die gesamte Querschnittsfläche eines Baumes bleibe auf allen Verzweigungsebenen gleich; eine Waage veranschaulicht die verborgene Symmetrie von Kraft gleich Masse mal Entfernung.
Übernächste Seite: Eine Auswahl aus der unendlichen symmetrischen Vielfalt der Natur – Ernst Haeckels Lithographien verschiedener Kieselalgenarten.

INHALT

Einleitung	7
Anordnungen	8
Rotationen und Reflexionen	10
Geometrische Selbstähnlichkeit	12
Radialsymmetrie	14
Schnitte und Skelette	16
Kugeln	18
Symmetrien in 3-D	20
Stapeln und Packen	22
Die Welt der Kristalle	24
Grundlagen	26
Dorsiventralität	28
Enantiomorphie	30
Krümmung und Fließen	32
Spiralen und Helices	34
Fabelhafter Fibonacci	36
Verzweigungssysteme	38
Faszinierende Fraktale	40
Penrose-Kacheln und Quasikristalle	42
Asymmetrie	44
Selbstorganisierende Symmetrien	46
Symmetrien im Chaos	48
Symmetrie in der Physik	50
Symmetrie in der Kunst	52
Manie für Muster	54
Harmonie	56
Formalismus	58
Erlebte Symmetrien	60
Anhang – Gruppen	62
Glossar	64

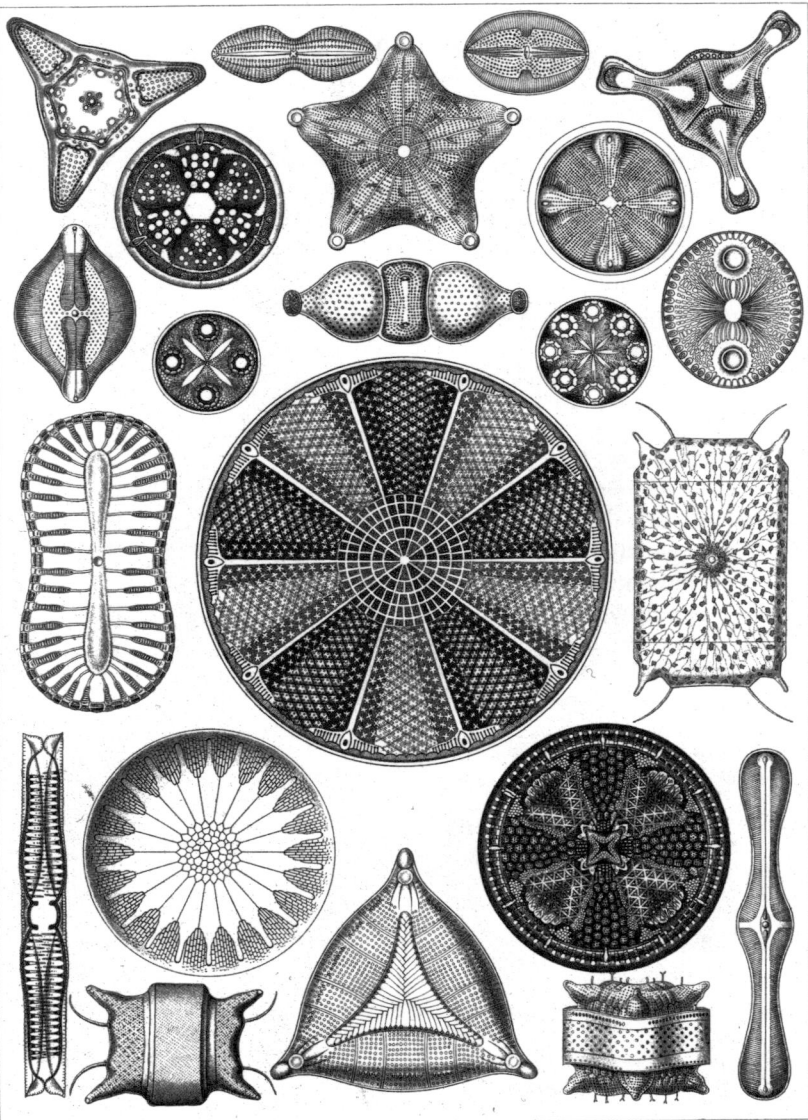

Einleitung

Symmetrie übt einen unwiderstehlichen Reiz aus – Mathematiker und Künstler interessieren sich für sie, für die Physik ist sie ebenso von Bedeutung wie für die Architektur. Viele andere Disziplinen befassen sich mit ihr und haben eigene Vorstellungen davon, was Symmetrie ist oder sein sollte. Offensichtlich haben wir es mit einem universalen Prinzip zu tun. Dennoch erleben wir im Alltag auffällige Symmetrien vergleichsweise selten, denn die meisten sind alles andere als augenscheinlich. Was also ist Symmetrie? Gibt es allgemeine Bedingungen für sie? Lässt sie sich überhaupt eindeutig definieren?

Bei genauer Untersuchung verstrickt man sich rasch in Widersprüche. Zunächst einmal ist jede Vorstellung von Symmetrie untrennbar mit Asymmetrie verbunden: Wir können uns Erstere kaum vorstellen, ohne zugleich an Letztere zu denken, genau wie bei den verwandten Begriffen von Ordnung und Unordnung. Und es gibt noch andere Dualitäten: Symmetrieprinzipien hängen stets mit Kategorisierung, Klassifizierung und streng eingehaltenen Regelmäßigkeiten zusammen – kurz, mit Grenzen. Symmetrie an sich aber ist unbegrenzt; alles ist von ihren Prinzipien durchdrungen. Überdies zeichnen sich diese Prinzipien durch eine Ruhe und Stille aus, die über die geschäftige Welt in gewisser Weise erhaben ist. Und doch geht es dabei fast immer um Verwandlung, Störung oder Bewegung.

Je tiefer man in das Thema eindringt, desto offenkundiger wird, dass man sich dabei auf eines der alltäglichsten wie umfassendsten Gebiete einlässt, das aber letztlich eines der größten Geheimnisse bleibt.

ANORDNUNGEN
Die regelmäßige Verteilung von Elementen

Wenn wir die gemeinsamen Faktoren der verschiedenen Aspekte von Symmetrie verstehen wollen, sind die Begriffe *Kongruenz* und *Periodizität* sehr hilfreich. Die meisten Symmetrien weisen diese Aspekte in irgendeiner Form auf. Wenn es das eine oder andere nicht gibt, wird die Symmetrie meistens reduziert oder sie fehlt sogar ganz.

Zum Beispiel sind zwei gleichartige Objekte ohne besondere Beziehung zueinander bloß ähnlich, denn obwohl sie kongruent sein mögen, sind sie nicht auf irgendeine Weise angeordnet (gegenüber, 1). Das Hinzufügen eines dritten Objekts bringt eine gewisse Regelmäßigkeit ins Spiel, die Grundlage für ein erkennbares Muster (2).

Am einfachsten entsteht Symmetrie in einer regelmäßig wiederholten Figur entlang einer Linie (unten), einer Serie, die sich leicht zu einer *Anordnung* erweitern lässt (3). Theoretisch können derart simple Arrangements unbegrenzt erweitert werden, doch die Symmetrie besteht nur, wenn das wiederholte Element und die Abstände gleich bleiben.

Symmetrische Anordnungen erkennen wir in vielen natürlichen Formationen, von den Körnern in Maiskolben (4) bis zu den Schuppenmustern bei Fischen und Reptilien (5). Solche regelmäßigen Arrangements kommen aber auch in vielen Kunstwerken und Artefakten vor – wie im verzierten Umhang eines Schamanen (6). Selbstverständlich spielen funktionelle wie ästhetische Kriterien eine Rolle, wie es die Muster bei Mauerwerk und Dachziegeln (7, 8) belegen.

1. Bloße Ähnlichkeit.

2. Ein Muster mit drei Elementen entsteht.

3. Symmetrische Anordnungen erfordern regelmäßige Abstände. Im Prinzip basieren alle Symmetrien auf Invarianz oder Selbstkoinzidenz. In der Geometrie heißt die imaginäre Bewegung, mit der dies erzielt wird – durch einfache Wiederholung, Reflexion oder Rotation (siehe nächste Seite) –, Isometrie (siehe Anhang).

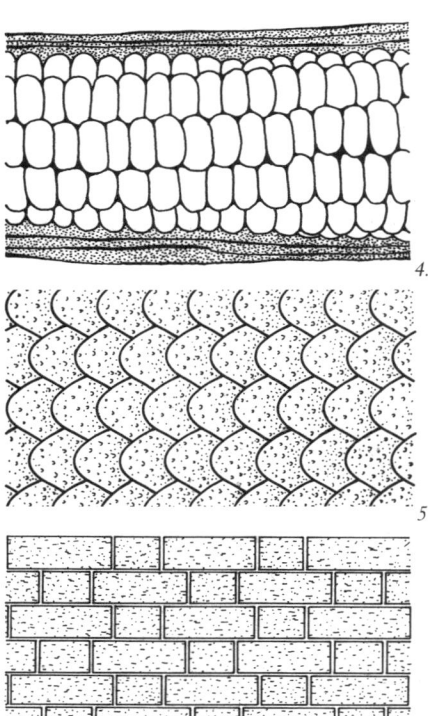

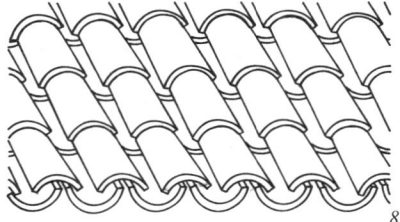

4.

5.

6.

7.

8.

ROTATIONEN UND REFLEXIONEN
Punktsymmetrien

Zwei weitere grundlegende Formen von Symmetrie, nämlich *Rotation* und *Reflexion*, beruhen auf der Vorstellung von *Kongruenz*, das heißt einer allgemeinen Übereinstimmung zwischen jedem Teil eines Elements, wie auch immer sie sich ausdrückt (unten). In der einfachen Rotationssymmetrie werden die einzelnen Komponenten in regelmäßigen Abständen um einen zentralen Punkt herum abgebildet (1–4).

Da die Elemente in diesen Symmetrien Repliken voneinander sind, bezeichnet man sie als direkt kongruent. In der Reflexionssymmetrie hingegen sind die seitenverkehrten Elemente um eine Spiegellinie angeordnet und somit entgegengesetzt kongruent (5, 6). Da die zentralen Punkte oder Linien bei Reflexionen und Rotationen starr bleiben, spricht man auch von *Punktsymmetrien*.

In ihrer simpelsten Form sind bei der Rotationssymmetrie nur zwei Komponenten um ein Zentrum angeordnet. Dazu zählen übliche Spielkarten – der Schnitt durch die Mitte einer Karte ergibt zwei identische Hälften. Die Triskele besteht aus drei rotierten Teilen, eine Swastika aus vier und so weiter – ohne eine Obergrenze für die Anzahl der Teile, im Gegensatz zur Anzahl der Wiederholungen um ein Zentrum.

Rotations- und Reflexionssymmetrie lassen sich auch kombinieren, wobei sich die Reflexionslinien in einem zentralen Rotationspunkt schneiden. Solche Figuren und Objekte haben eine *Diedersymmetrie* (7).

1. Die einfachste Form von Rotation um ein Zentrum mit nur zwei Elementen.

2. Spielkarten sind wohl das bekannteste Beispiel einer Rotationssymmetrie von 2 Elementen, mit einer Selbstkoinzidenz von 180° (keine Reflexion).

3. Rotationssymmetrie mit jeder Anzahl von Elementen möglich.

 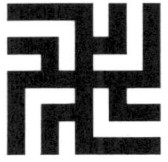 

4. Rotationssymmetrie mit 3, 4 und 5 Elementen, bei einer Selbstkoinzidenz von 120°, 90° und 72°.

5. Reflexion über eine Linie.

 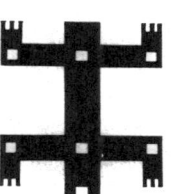 

6. Am häufigsten sind Motive nur mit Reflexionssymmetrie.

7. Diedersymmetrie.

8. Motive mit Diedersymmetrie, die Reflexion und Rotation kombiniert.

GEOMETRISCHE SELBSTÄHNLICHKEIT
Gnomone und andere selbstähnliche Figuren

Alle Körper, ob lebend oder nicht, ob komplex oder einfach, weisen die gleiche Eigenschaft auf: Sie sind nach symmetrischen Gesichtspunkten klassifizierbar. Der *Gnomon* stellt eines der simpelsten Beispiele von geometrischem Wachstum dar (unten). Fügt man einen Gnomon zu einer anderen Figur hinzu, wird sie vergrößert, behält aber ihre allgemeine Form; dieser Vorgang lässt sich unendlich fortsetzen. Man kann das Prinzip bei den kunstvollen Formen von Muscheln und Hörnern sehen, wo immer wieder neue Substanz zu totem Gewebe hinzugefügt wird.

Dilatationssymmetrien erzeugen ebenfalls Figuren, die geometrisch einem Original ähneln. Sie entstehen aus der Vergrößerung (oder Verkleinerung) einer Form mittels Linien, die von einem Zentrum ausstrahlen, und können vom unendlich Kleinen bis zum unendlich Großen reichen; es werden Winkel aus einem Zentrum (1), regelmäßige Kreisteilung (2) oder der ganze Kreis (3) verwendet. Außerdem lassen sich Dilatation und Rotation verbinden. So entstehen kontinuierliche Symmetrien, die logarithmische Spiralen (4, mehr dazu später) erzeugen, oder diskontinuierliche Symmetrien (5), wobei die Zuwächse nicht Bruchteile einer vollständigen Umdrehung sein müssen. Dilatationssymmetrien kommen auch im dreidimensionalen Raum vor. Spiralsymmetrien hängen eng mit den Bewegungen von Rotation und Dilatation zusammen und treten oft dann auf, wenn diese kombiniert werden.

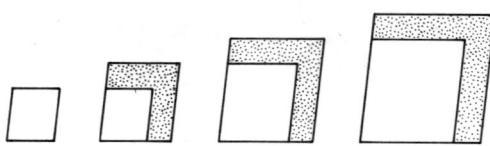

1. Dilatationssymmetrien führen zu regelmäßiger Zu- oder Abnahme.   2. Punktzentrierte Dilatation.

 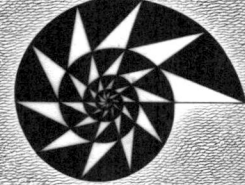 

3. Dilatation über 360°.   4. Dilatation und Rotation kombiniert.   5. Diskontinuierliche rotierte Dilatation.

  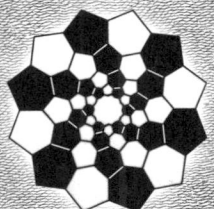

6. Ähnlichkeitssymmetrien entstehen aus der regelmäßigen Anordnung von Figuren.

Radialsymmetrie
Zentrierte Symmetrien

Radialsymmetrien sind wohl die bekanntesten regelmäßigen Anordnungen. Da sie endlich sind, gehören sie der Kategorie der *Punktgruppensymmetrien* an – und sie treten in drei Formen auf.

In zwei Dimensionen sind sie um einen Punkt in der Ebene zentriert und weisen Rotationssymmetrie auf, mit jeder Anzahl regelmäßiger Teilungen des Kreises; häufig enthalten sie auch eine Reflexion, so dass Diedersymmetrien entstehen (1). Viele Blüten sind so angeordnet. Zentrierte, radiale Motive treten in den Ornamenten fast jeder Kultur auf.

In drei Dimensionen sind Radialsymmetrien entweder um einen Punkt im Raum zentriert, wobei Strahlen vom Zentrum zu jedem außerhalb davon liegenden Punkt gehen, wie bei einer Explosion (2). Oder sie haben eine polare, meist zylindrische oder konische Rotationsachse (3). Letztere sind die typischen Symmetrien von Pflanzen.

Blüten haben meist Blattanordnungen, deren Anzahl der Fibonacci-Reihe entstammt: 3, 5, 8, 13, 21 usw. (mehr über diese magische Reihe auf S. 36). Die berühmte Symmetrie von Schneeflocken hingegen ist stets sechseckig.

Die für dekorative Motive beliebte planar-radiale Symmetrie ist auch die sinnvollste Konfiguration für alle Vorrichtungen mit einer Drehbewegung – insbesondere das Rad in seinen verschiedenen Formen.

 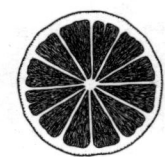  

Alle Radialsymmetrien sind endlich und gehören der Kategorie der Punktgruppensymmetrien an.

1. 2-D-Radialsymmetrie.   2. 3-D-Radialsymmetrie.   3. Radialsymmetrien um eine Polachse.

SCHNITTE UND SKELETTE
Innere Symmetrien von Pflanzen und Tieren

Die meisten Pflanzen weisen eine Radialsymmetrie der einen oder anderen Form auf. Die große Trennung zwischen Pflanzen- und Tierreich spiegelt sich in den jeweils dominanten Symmetrien wider. Die gewöhnlich fixierten und unbeweglichen Pflanzen und Pilze neigen zur Radialsymmetrie, während sich die meisten Tiere bewegen und *bilateral* oder genauer *dorsiventral* symmetrisch sind (siehe S. 28).

Stämme und Wurzeln von Bäumen weisen sehr häufig eine radiale Anordnung im Querschnitt auf, Wurzeln und vertikale Stängel immer (1). Die meisten regelmäßigen (aktinomorphen) Blüten haben eine Radialsymmetrie, ebenso die Blütenstände (2). Auch die Anordnung der Samenanlagen (Plazentation) ist stets symmetrisch angeordnet (unten). Pilze, Moose und die Röhrenblätter von Binsen nehmen ebenfalls diese Symmetrie an.

Tiere, die sich nicht aus eigener Kraft fortbewegen können, weil sie zum Beispiel festgewachsen sind, haben meist eine pflanzenartige Radialsymmetrie. Überwiegend sind dies Meeresbewohner wie Seeanemonen und Seeigel (3). Seesterne und Sternkorallen haben ebenfalls eine zentrierte Struktur.

Die schmuckartigen Skelette von Protozoen (Strahlentiere und Foraminiferen), die in den Meeren so weit verbreitet sind, dass sie 30 Prozent der Ozeansedimente bilden, neigen in ihrer Körperform gleichfalls zur Radialsymmetrie (4).

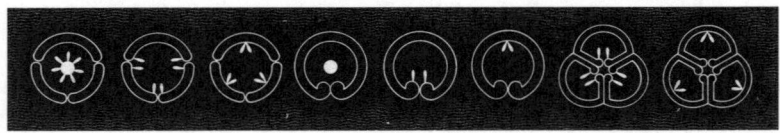

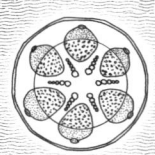 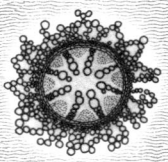 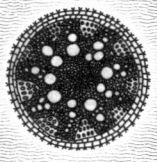 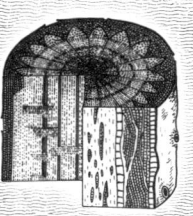

1. Die Stämme, Äste und Wurzeln von Bäumen weisen im Querschnitt eine Radialsymmetrie auf.

2.

3.

4.

KUGELN

Die vollkommene dreidimensionale Symmetrie

Der Kreis ist die vollkommene zweidimensionale Figur, und eine ideale Kugel ein vollkommener radialsymmetrischer dreidimensionaler Körper. Die alten Griechen hielten beide für göttlich. Der Philosoph Xenophanes ersetzte sogar das alte Götterpantheon durch eine einzige Gottheit, die für ihn kugelförmig war. Pythagoras lehrte als Erster, dass die Erde eine Kugelform habe; in neuerer Zeit behaupten Kosmologen, dass der ganze sich ausdehnende Kosmos die Symmetrie einer Kugel aufweist. Interessanterweise taucht diese Form in extremen Größenordnungen auf: Sterne, Planeten, Monde, die Oortsche Wolke und Galaxienhaufen sind kugelförmig (1), ebenso wie Wassertröpfchen. Alle verdanken ihre symmetrische Regelmäßigkeit dem Umstand, dass sie von einer einzigen dominanten Kraft geformt sind – die Wassertropfen von der Oberflächenspannung, die davor Genannten von der Schwerkraft (die ihrerseits sphärisch symmetrisch ist).

Auf der Oberflächenspannung beruht auch die Kugelform zahlreicher mikroskopisch kleiner Lebewesen (2). Sie sind in ihrer Zusammensetzung praktisch flüssig und weisen einen Innendruck auf, der den Druck ihrer Umgebung ausgleicht. Die meisten kugelförmigen Lebewesen sind sehr klein (was Verzerrungen durch die Schwerkraft minimiert) und leben im Wasser. Und sie sind überwiegend bewegungsarm oder unbeweglich. Praktisch gesehen weist eine Kugel die kleinste Oberfläche im Verhältnis zum Volumen auf, und daher haben viele Früchte (3) und Eier (4) diese Form. Die minimale Oberfläche und das gleiche Profil auf allen Seiten bieten der Kugel eine natürliche Abwehr gegen räuberische Übergriffe. Daher rollen sich auch viele Arten, die gar nicht kugelförmig sind, zusammen, wenn sie angegriffen werden (5).

Symmetrien in 3-D
Räumliche Isometrien

Die Kugel ist das dreidimensionale Gegenstück zur vollkommenen Symmetrie des zweidimensionalen Kreises, und die *Transformationen* von Figuren im Raum entsprechen der regelmäßigen Teilung der Ebene, mit der wir uns bereits befassten, und zwar nach den gleichen isometrischen Prinzipien (1–6).

Wenn wir uns ansehen, wie sich der Raum symmetrisch teilen lässt, ergeben sich elementare Teilungen aus den regelmäßigen Figuren, die die Ebene ausfüllen. Wie gleichseitige Dreiecke, Quadrate und Sechsecke zwei Dimensionen ausmachen, so füllen die darauf basierenden Prismen den Raum vollständig aus (7). Zu den Raumfüllern, die in allen Richtungen regelmäßig sind, zählen der Würfel, der Oktaederstumpf (5), das Kuboktaedersystem (8) und das Rhombendodekaeder (9). Die drei sphärischen symmetrischen Systeme (10) haben einen besonderen Bezug zu den regelmäßigen Figuren.

Interessanterweise bevorzugt die Natur aus der großen Vielfalt regelmäßiger Figuren stets eine bestimmte Familie, nämlich die *Pentagondodekaeder*. Diese aus Fünf- und Sechsecken zusammengesetzten Formen findet man etwa im C_{60}-Fullerenmolekül, in Rußteilchen, Strahlentierchen und Viren (unten). Faszinierenderweise ergeben Sechsecke allein noch keine räumlichen Figuren, sondern erst durch Hinzufügen von zwölf Fünfecken. Das erklärt vielleicht ihre Nützlichkeit in der Natur.

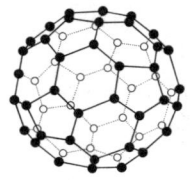 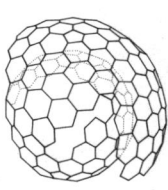  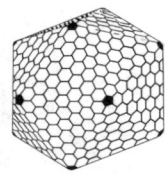

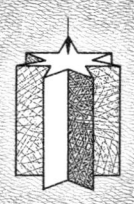 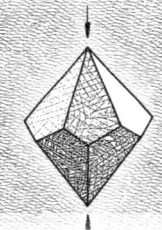 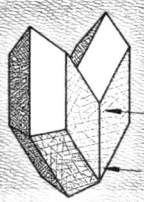

1. 3-D-Symmetrie entlang einer Linie
2. 3-D-Rotation um eine Achse
3. 3-D-Reflexion um eine Spiegelebene

 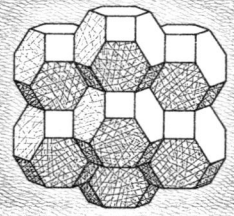 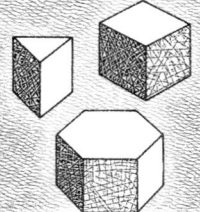

4. 3-D-Spitzengruppensymmetrie
5. 3-D-Raumgruppensymmetrie
6. 3-D-Dilatationssymmetrie

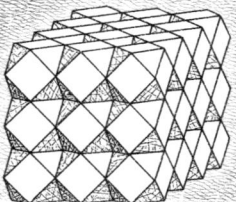 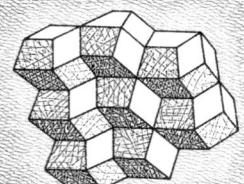

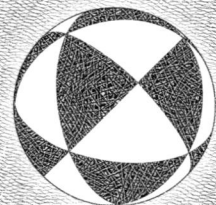  

7. Raumfüllende Prismen
8. Kuboktaedersystem
9. Rhombendodekaeder

10. Die drei sphärischen Symmetriesysteme: tetraedrisch, oktaedrisch und ikosaedrisch

STAPELN UND PACKEN
Früchte, Schaum und andere Raumfüller

Orangen auf einer Fläche effizient zu stapeln ist eine täuschend einfach klingende Aufgabe, die jedoch weitreichende mathematische Konsequenzen hat. Das Problem ist zunächst ganz simpel. Die naheliegendste Art, kugelförmige Objekte zu türmen, sind dreieckige und quadratische Arrangements (1–3); diese Anordnungen hängen mit der regelmäßigen Teilung der Ebene zusammen (siehe Anhang). Hat man die Früchte in einem dieser Muster angeordnet, wird es schwierig, eine zweite Schicht außerhalb der Zwischenräume in der ersten daraufzulegen, denn sie fallen in ein Muster der minimalen Energie. Es gibt drei verschiedene kubische Arrangements (4, 5, 6), aber eine Kugel in der Mitte erweist sich als das beste Arrangement – obwohl dies erst 400 Jahre, nachdem Kepler es behauptet hatte, bewiesen wurde.

In vielen anderen Bereichen ergeben Knotenpunkte von drei 120°-Winkeln die ökonomischsten Systeme. Das klassische Beispiel sind natürlich Bienenwaben. Aus der minimalen Menge von Wachs erzeugen die Bienen Speicher für ihren Honig (7). Auch kleine Gruppen von Seifenblasen mit freien Flächen schließen sich zu dieser effizienten Winkelformation zusammen, der sogenannten Plateau-Kante (8).

Größere Cluster von Seifenblasen verbinden sich hingegen in einem ganz anderen magischen Winkel, nämlich 109° 28' 16". In jedem Schaum oder Schaumstoff (9) treffen die inneren Oberflächen in diesem Winkel aufeinander – und dieser wird durch eine Linie vom Mittelpunkt zur Ecke eines Tetraeders gebildet (10). Interessanterweise füllt das Tetraeder allein den Raum nicht völlig aus, sondern nur in Kombination mit dem Oktaeder.

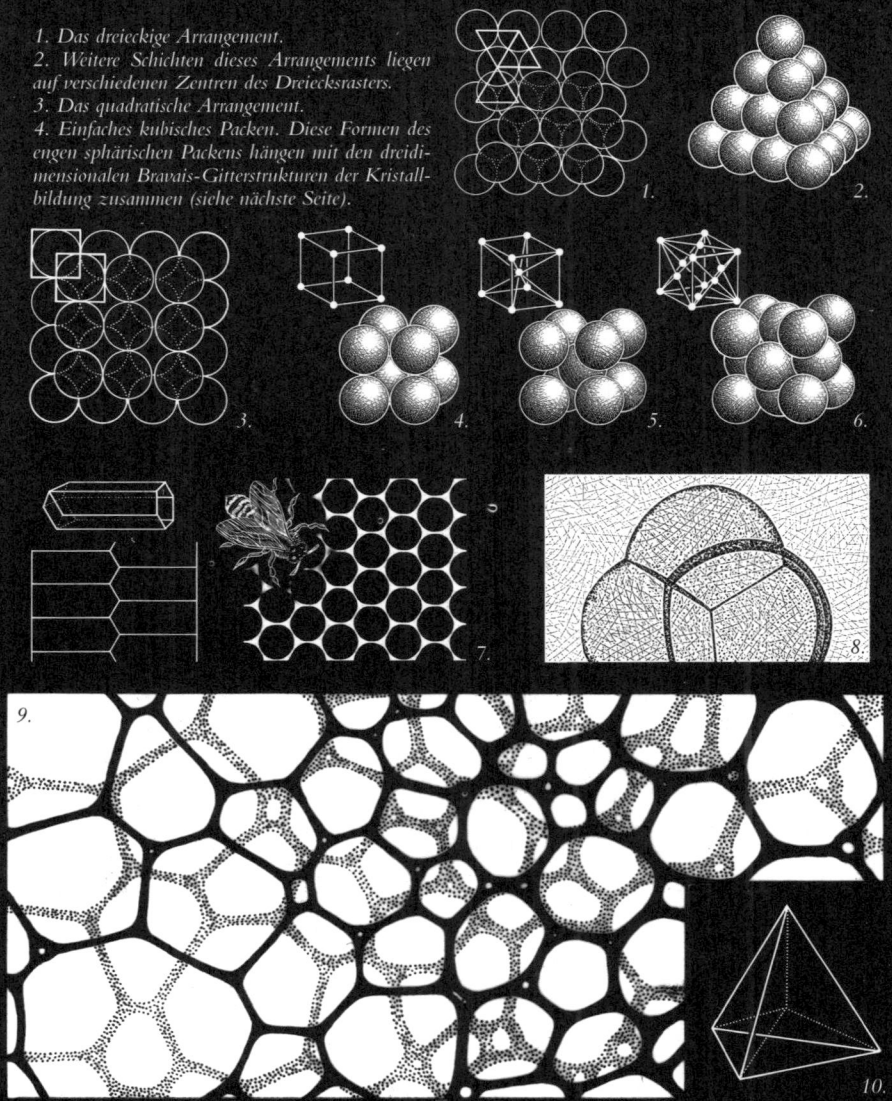

1. Das dreieckige Arrangement.
2. Weitere Schichten dieses Arrangements liegen auf verschiedenen Zentren des Dreiecksrasters.
3. Das quadratische Arrangement.
4. Einfaches kubisches Packen. Diese Formen des engen sphärischen Packens hängen mit den dreidimensionalen Bravais-Gitterstrukturen der Kristallbildung zusammen (siehe nächste Seite).

DIE WELT DER KRISTALLE
Die Hochburg der symmetrischen Ordnung

Von allen natürlichen Objekten kommen Kristalle der mathematischen Reinheit regelmäßiger Körper am nächsten – sie können sogar einige dieser Formen annehmen, wenn auch nicht alle. Die makellose Schönheit prächtiger Kristalle ist die Projektion einer eindrucksvollen inneren Struktur. Der Staat der Kristalle ist mit seinen hundert Millionen identischen Molekülen ein Reich von nahezu unvorstellbarer Geordnetheit.

Kristalle aus verschiedenen Substanzen nehmen zwar alle möglichen Formen an, doch ihre Regelmäßigkeiten basieren auf den Einheitszellen-Arrangements, denen eine der vierzehn Gitterstrukturen zugrundeliegt (unten). Diese den 2-D-Graphen entsprechenden Bravais-Gitter ermöglichen es den Molekülkomponenten, sich unbegrenzt in die drei räumlichen Richtungen zu wiederholen, etwa wie ein Tapetenmuster.

Die frühe wissenschaftliche Erforschung von Kristallen befasste sich primär mit der Klassifizierung der auftretenden Symmetrien. Mitte des 19. Jahrhunderts kannte man 32 Klassen von Kristallen, und um 1890 hatte der russische Kristallograph Fjodorow alle 230 möglichen Raumgruppen aufgelistet.

Doch die Entdeckung der Röntgenbeugung im frühen 20. Jahrhundert revolutionierte die Kristallographie. Die systematische Analyse der auf eine photographische Platte projizierten symmetrischen Muster enthüllte erstmals die ungewöhnliche Innenwelt der Kristalle.

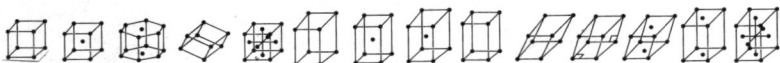

PARTIE DE RAISONNEMENT
PL. V.
SUBSTANCES METALLIQUES
PL. LXXVII.
Fig. 35. Suite du FER SULFURÉ

Fig. 13.
Fig. 26.
Fig. 88

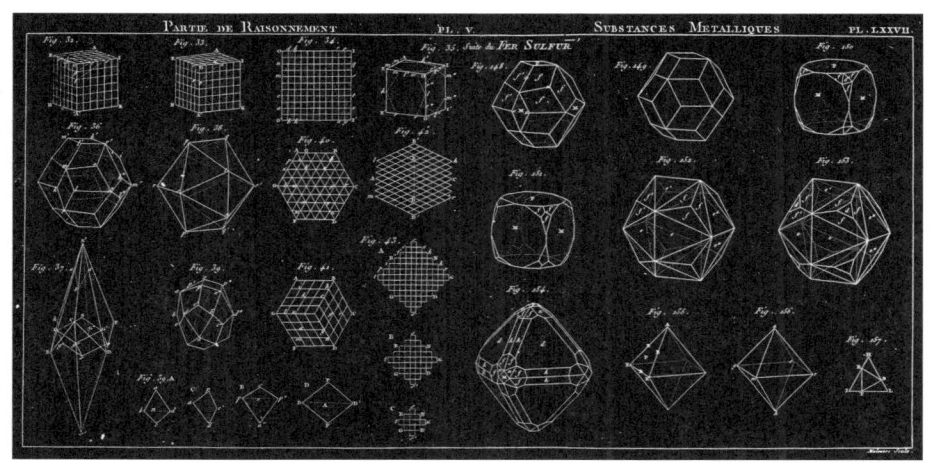

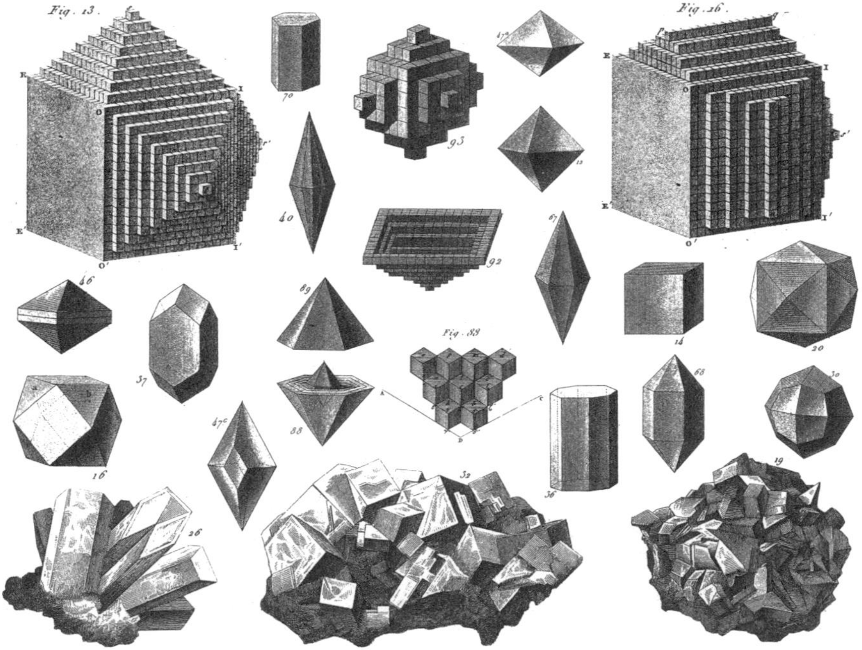

GRUNDLAGEN

Symmetrien im Innersten der Materie

Ende des 19. Jahrhunderts formulierte der geniale Physiker Pierre Curie als ein Prinzip der Physik, dass symmetrische Ursachen notwendigerweise symmetrische Wirkungen haben. Was das Prinzip betraf, irrte er zwar, denn Symmetrien sind nicht immer auf die von ihm unterstellte Weise verknüpft. Doch seine Idee von symmetrischer Kontinuität ist zweifellos auf der elementaren Ebene der Materie wahr. Die geordnete Welt der Kristalle, wie sie die Röntgenkristallographie enthüllt (1), wird bestimmt von den zugrundeliegenden Symmetrien im Reich des Atomaren und Subatomaren.

Mendelejews Periodensystem, das die Elemente nach ihren chemischen Eigenschaften anordnete, war einer der Meilensteine der klassischen Physik des 19. Jahrhunderts. Aber im frühen 20. Jahrhundert wurde klar, dass die Eigenschaften der Elemente eigentlich Regelmäßigkeiten in den inneren Strukturen ihrer atomaren Komponenten widerspiegeln. Späteren Atomtheorien zufolge lassen sich alle chemischen Eigenschaften von der Anzahl der Protonen und Elektronen in ihren jeweiligen Atomstrukturen ableiten, die es ihnen ermöglichen, geordnete Molekülgruppen zu bilden (2).

Nach 1960 erkannte man, dass die »kreisenden« Elektronen (3) zwar Elementarteilchen sind, die Protonen und Neutronen des Atomkerns (4) jedoch noch kleinere Komponenten haben: die Hadronen und Leptonen. Die Hadronen wiederum sind Kombinationen von Quarks, die sich in den schönen Symmetrien des berühmten »Achtfachen Wegs« vereinen (5).

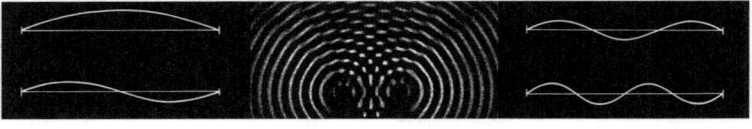

Oben: Röntgenbrechungstechniken ermöglichten den Blick in die hoch geordnete Welt der Kristalle. Rechts: Sind Atome eng beieinander, bilden sie durch die Anziehung ihrer positiv geladenen Kerne und ihrer negativ geladenen Elektronen Moleküle.

3. Wahrscheinliche Verteilungsmuster von Elektronen um einen Kern.

Oben: Die Symmetrien der Klassifikationen von Hadronen im »Achtfachen Weg« für ein Oktett und ein Dekuplett. Links: Neutronen und Protonen verhalten sich im Kern wie sich drehende Kreisel.

DORSIVENTRALITÄT
Die Symmetrie sich bewegender Lebewesen

Tiere sind *per definitionem* vielzellige, fressende Lebewesen, die alle zu irgendeiner Form von Bewegung fähig sind – diese Attribute bestimmen ihre allgemeine Form. Egal, ob ein Tier auf der Erde geht oder sich hindurchbuddelt, im Wasser schwimmt oder durch die Luft fliegt – stets hat sein Körper eine linke und eine ungefähr spiegelbildliche rechte Seite. Da Tiere auch eine Vorder- und eine Rückseite sowie eine unterschiedliche Ober- und Unterseite haben, sind sie nicht bloß bilateral, sondern *dorsiventral*. Wenn man sich in eine Richtung bewegen muss, ist dieser Aufbau am besten (Beispiele gegenüber). Nicht nur Tiere weisen diese Symmetrie auf, ebenso sind Fahrzeuge wie Autos, Schiffe, Flugzeuge entlang einer Achse symmetrisch aufgebaut.

    Mit der Bewegungsfähigkeit entwickelten sich auch andere Merkmale tierischer Dorsiventralität. Eine starke Vorwärtsbewegung erfordert ein nach vorn gerichtetes Sehvermögen sowie ein vorn liegendes Maul für eine effiziente Ernährung. Flossen und Glieder hingegen sind am besten seitlich angebracht, in symmetrisch ausgewogenen Positionen.

    Obwohl die Dorsiventralität aus den genannten Gründen die Symmetrie des Tierreichs schlechthin darstellt, ist sie auch in der Pflanzenwelt recht verbreitet – in (zweiseitigen) Blüten, in der Mehrheit der Blattformen (unten) und in vielen Blattarrangements.

ENANTIOMORPHIE
Links- und Rechtshändigkeit

Unserer dorsiventralen Körperform verdanken wir ein Paar Hände, die überwiegend gleich, aber spiegelverkehrt sind. Das Gleiche gilt bei den Menschen für die Füße und bei den Tieren für die Hörner, Flügel und viele andere Merkmale (1). Aber die Möglichkeit, dass eine Figur oder ein Objekt in zwei verschiedenen Formen existiert, ist nicht auf die Spiegelsymmetrien von lebenden Organismen beschränkt. Eine Spirale verläuft entweder im oder gegen den Uhrzeigersinn (2), und alle Helices haben eine von zwei verschiedenen Richtungen in drei Dimensionen (3).

Tatsächlich weist jedes belebte oder unbelebte Objekt, das in seiner Struktur eine Drehung hat, diese alternierenden Formen auf. So gibt es sowohl linkshändige wie rechtshändige Weichtierschalen, wobei manche Arten eine bestimmte *Händigkeit* vermehrt aufweisen, während sie bei anderen beliebig zu sein scheint (4). Ähnlich verhält es sich bei den vertrauten Drehgewohnheiten von Reben und anderen Kletterpflanzen (die Mehrheit optiert für Rechtshändigkeit, aber es gibt eine erhebliche Minderheit von Linkshändern).

In der Chemie heißt dieses Phänomen Chiralität – das verbreitetste Mineral mit diesem Merkmal ist der *Quarz* (5). Eine besondere Bedeutung hat die Chiralität in der organischen Chemie, da viele biologische Moleküle homochiral sind, das heißt die gleiche Händigkeit haben, etwa Aminosäuren (die Komponenten von Proteinen) und die DNA (6). Die chemische Basis des Lebens ist also *chiral*. In einem Frühstadium des Lebens auf der Erde zeigten die Moleküle, die die Kunst der Selbstreplikation beherrschen, vorrangig ein bestimmtes stereochemisches Profil und entschieden damit den ganzen rechtshändigen Lauf der Evolution.

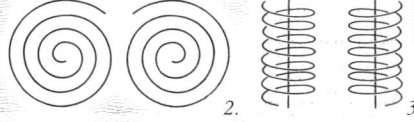

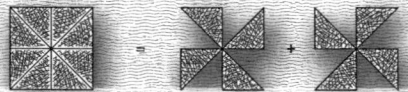

Spiralen und Helices sind links- oder rechtshändig.

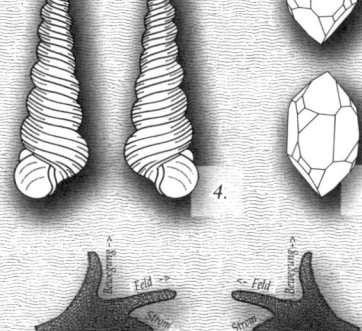

Oben: Fleming Linke- und Rechte-Hand-Regel für Motor und Generator. Unten: Eine Auswahl von Stereoisomeren, deren links- und rechtshändige Formen unterschiedlich riechen. Rechts: Die rechtshändige DNA-Helix.

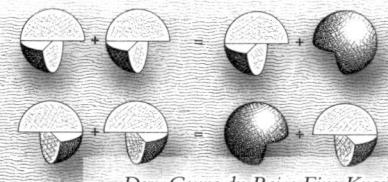

Ein Paar links- und rechtshändiger Fächer in einem Quadrat.

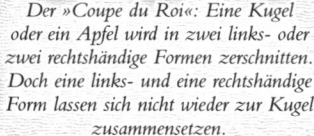

Der »Coupe du Roi«: Eine Kugel oder ein Apfel wird in zwei links- oder zwei rechtshändige Formen zerschnitten. Doch eine links- und eine rechtshändige Form lassen sich nicht wieder zur Kugel zusammensetzen.

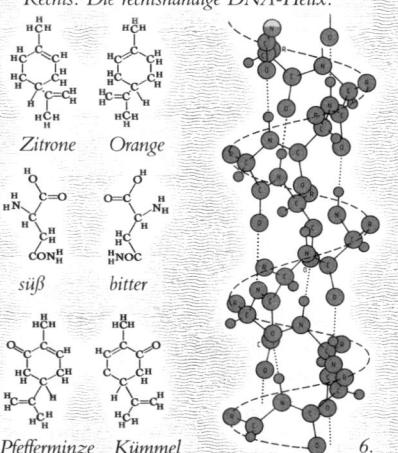

KRÜMMUNG UND FLIESSEN
Wellen und Wirbel, Parabeln und Ellipsen

Bislang haben wir Symmetrien im Zusammenhang mit der eher statischen Geometrie von Rotation, Reflexion usw. betrachtet. Bei Symmetrien von Krümmungen, die vor allem in Bewegung und Wachstum auftreten, werden diese Prinzipien auf die Dynamik angewandt (1–3).

Die *Kegelschnitte* (4) wurden zwar schon im 4. Jahrhundert v. Chr. von Menaichmos in Platons Akademie untersucht, aber erst seit der Renaissance erkannte man ihre Bedeutung in der Physik. 1602 bewies Galilei, dass die Bahn eines geworfenen Objekts eine Parabel beschreibt. Bald darauf entdeckte Kepler die elliptischen Planetenbewegungen. Später erkannte man, dass Hyperbeln jede Beziehung darstellen können, in der eine Größe umgekehrt proportional zu einer anderen schwankt (wie in Boyles Gesetz). Derartige Entdeckungen stehen beispielhaft dafür, wie ein allgemeines Verständnis der Symmetrieprinzipien in der Mathematik die verborgene Einheit der Natur zu erhellen begann.

Auch Wellenformen sind nach Länge und Dauer symmetrisch. Eine Sinuskurve kann man sich als Projektion auf eine Ebene vorstellen: vom Weg eines Punktes, der sich mit gleichförmiger Geschwindigkeit um einen Kreis bewegt (5). Die Kreisbewegung ist eine Komponente jedes Wellenphänomens. Wird diese Bewegung regelmäßig verstärkt oder vermindert, entsteht eine typische Sinuskonfiguration.

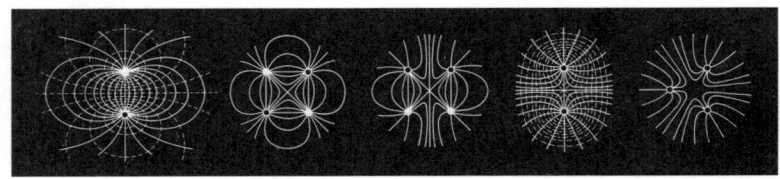

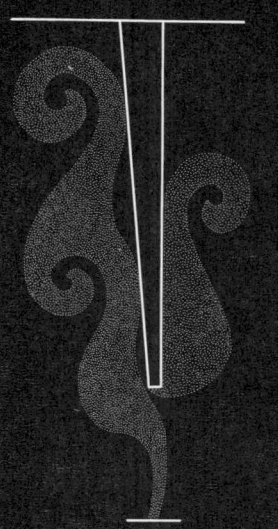

1. Durch einen geteilten Luftstrom in einer Orgelpfeife gebildeter Wirbel.

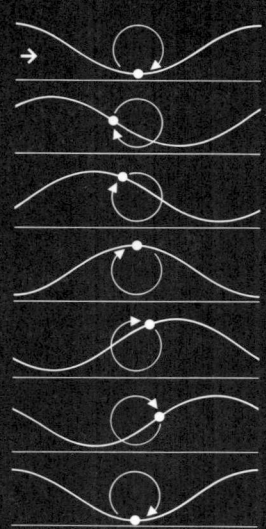

2. Wellenbewegungen in einem flüssigen Medium sind im Prinzip kreisförmig.

3. Von einem Hindernis ausgelöste Kármánsche Wirbelstraße.

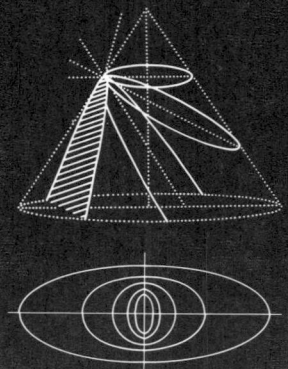

4. Kegelschnitte und Ellipsenreihe.

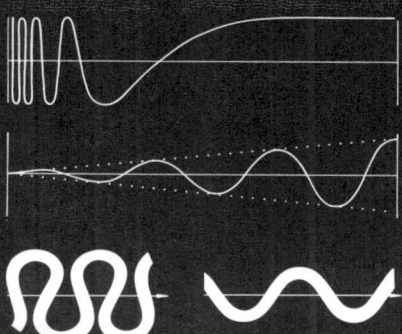

5. Oben und Mitte: Sinuswellen. Unten: Flussmäander weisen Sinusprofile auf.

SPIRALEN UND HELICES
Die Lieblingsstrukturen der Natur

Von allen regelmäßigen Kurven sind *Spiralen* und *Helices* wohl am meisten verbreitet. Man findet sie in vielen Formen und in jeder Größenordnung überall in der Natur – in Spinnennetzen (1), Galaxien (2) und Teilchenbahnen (3), in Tierhörnern (4), Muscheln (5), Pflanzenstrukturen und in der DNA (6). Man könnte sagen, sie seien die Lieblingsmuster der Natur.

In der Geometrie gibt es drei Haupttypen ebener Spiralen (unten): die Archimedische (a), die Logarithmische (b) und die Fermatsche Spirale (c). Die Archimedische Spirale ist die einfachste und besteht aus parallelen Linien (wie bei Schallplatten). Logarithmische oder Wachstumsspiralen sind am komplexesten und am faszinierendsten, besonders die Goldene Spirale (8), die mit der Fibonacci-Reihe zusammenhängt (siehe Seite 36). Alle logarithmischen Spiralen haben die Eigenschaft der Selbstähnlichkeit, sehen also in jeder Größe gleich aus. In der Fermatschen oder parabolischen Spirale umschließen aufeinanderfolgende Schleifen gleiche Flächenabschnitte, was ihr Auftreten bei der Blattstellung von Blättern und Blüten an einem Stängel (und in Kaffeetassen) erklärt.

Helices laufen symmetrisch um eine Achse, haben also eine bestimmte Händigkeit (d). Sie können eine Dilatationssymmetrie aufweisen, allmählich an Breite zunehmen (e) und natürlich beliebig viele Stränge enthalten, wie dies bei Seilen der Fall ist (f).

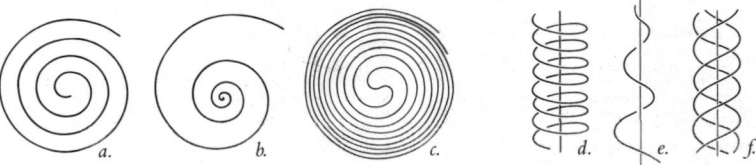

7. Eine Evolute-Spirale
8. Die Goldene Spirale

FABELHAFTER FIBONACCI
Goldene Winkel und eine Goldene Zahl

Ende des 12. Jahrhunderts war ein junger italienischer Finanzbeamter von einer Zahlenfolge fasziniert – wie seither viele Mathematiker. Leonardo da Pisa mit dem Beinamen »Fibonacci« hatte die unendliche Folge entdeckt, bei der jede Zahl die Summe der vorhergehenden zwei Zahlen ist: 1, 1, 2, 3, 5, 8, 13, 21, 34 usw. Er erkannte die besonderen mathematischen Eigenschaften dieser Folge, die nach ihm benannt wurde. Die Fibonacci-Zahlen treten häufig in Wachstumsmustern auf, vor allem bei Blütenblätter- und Samenarrangements. Blütenblätter bilden fast immer Fibonacci-Zahlen, Tannenzapfen weisen Folgen von 3 und 5 (oder 5 und 8) verschlungenen Spiralen auf, Ananas 8 Reihen von Schuppen, die in einer Richtung gewunden sind, 13 Reihen in der anderen – und so weiter. Die Folge findet sich auch in der Phyllotaxis, der Blattstellung von Pflanzen.

Die Fibonacci-Folge bezieht sich auf φ *(phi)* – je höher die Zahlen werden, desto näher kommt das Verhältnis zwischen aufeinanderfolgenden Zahlen dieser *Goldenen Zahl*. Eine verwandte Eigenschaft weist die Phyllotaxis auf, nämlich den Goldenen Winkel von 137,5° ($360°/\varphi^2$). Bei dieser Anordnung wird der Raum in der Abfolge von Zweigen, Blättern und Blüten am effizientesten genutzt. Fibonacci-Muster beschränken sich nicht auf organische Bildungen, sondern treten in allen Größenordnungen der Natur auf, von Nanoteilchen bis zu Schwarzen Löchern.

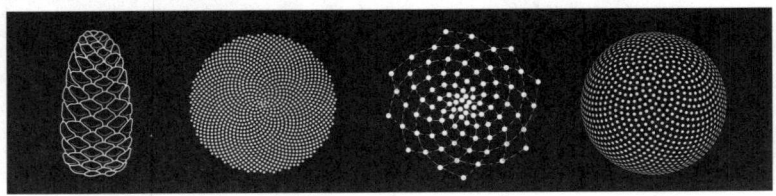

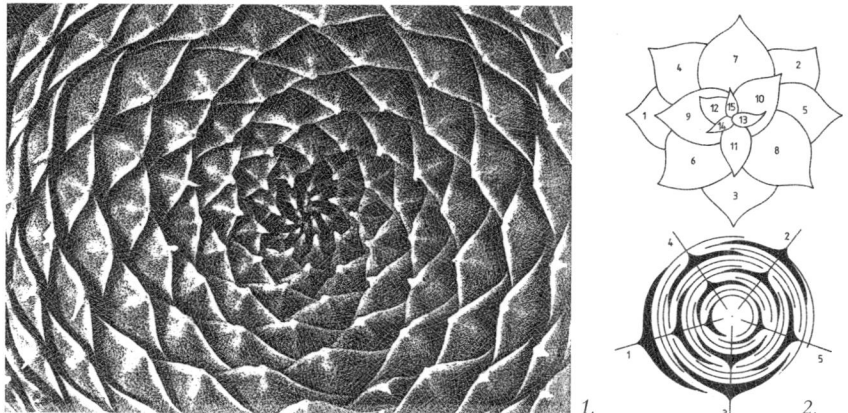

1. Phyllotaxis-Ordnung 13 : 8 in einem Kaktus.   2. Ordnung 8 : 5: 8 Blätter in 5 Windungen gegen den Uhrzeigersinn, alle 8 Blätter liegen übereinander.   3. Noch eine 8:5-Phyllotaxis.   4. Seltener Fall einer Lucas-Phyllotaxis (11 : 7).

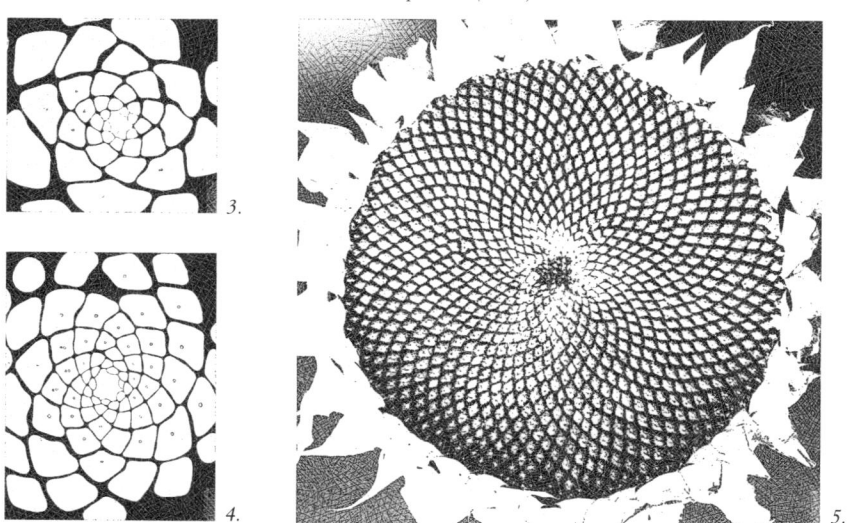

5. Sonnenblumenkopf mit 89:55-Phyllotaxis auf einer Fermat-Spirale, in beiden Richtungen zählbar.

VERZWEIGUNGSSYSTEME
Muster der Verteilung

Verzweigte Netzwerke existieren bei Bäumen oder Flüssen, ebenso aber als geistige Konzepte unabhängig von jeder physischen Darstellung. In letzterem Fall lassen sich komplexe Systeme nach einfachen Regeln erzeugen (gegenüber unten).

Faszinierend an der Verzweigung ist, dass sich gleiche Muster in völlig verschiedenen Zusammenhängen ausdrücken können, etwa in den Verzweigungshierarchien von Blitzen, die Flusssystemen stark ähneln. Es kann sogar eine enge Entsprechung zwischen Bildungen geben, die sich zerstreuen, und denen, die sich konzentrieren (unten). Stets erfordern funktionierende Verzweigungssysteme die effiziente Verteilung von Energie in der einen oder anderen Form – dies ist die simpelste Art, jeden Teil einer Fläche über die kürzeste Strecke (oder mit der geringsten Arbeit) zu verbinden.

Die verborgenen Symmetrien in Verzweigungen betreffen die Geschwindigkeiten und Verhältnisse der *Bifurkation*. In einer einfachen Progression etwa können drei Bächlein einen Bach, drei Bäche jeden Nebenfluss und schließlich drei Nebenflüsse einen Fluss speisen. Eine derartige Progression ist ein verbreitetes Muster, nicht nur bei Flüssen und Pflanzen, sondern auch in Blutgefäßsystemen. Auch wenn die Regeln, die das Verzweigen in der Natur bestimmen, verwickelter sind, können dennoch relativ simple Algorithmen hoch komplexe Formen erzeugen.

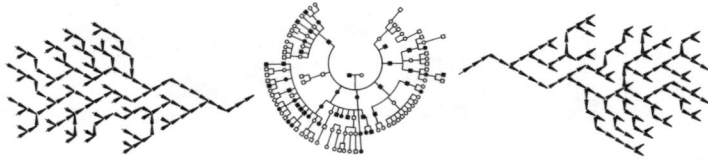

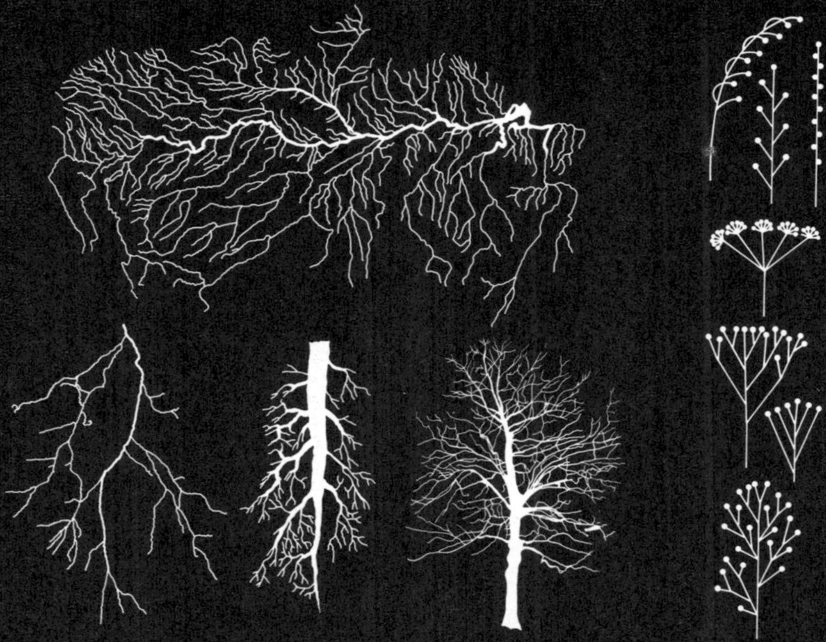

Alle Verzweigungsmuster, ob von Flusssystemen, elektrischen Entladungen oder biologischen Systemen, sind dadurch charakterisiert, dass sie ausstrahlen (oder konvergieren) und dass die Zahl aller Zweige von einer bestimmten Größe kleiner ist als die der nächstkleineren Dimension.

Faszinierende Fraktale
Selbstkonsistenz des n-ten Grads

Für viele natürliche Phänomene scheint der Begriff »symmetrisch« nicht zu gelten. Die amorphen Formen von Wolken, die gezackten Konturen von Bergen, der turbulente Fluss von Bächen oder die uneinheitliche Struktur von Flechten erwecken den Eindruck von wirrer Unregelmäßigkeit. Die Entdeckung ihrer Konsistenzen hat die Vorstellung von Selbstähnlichkeit und von Symmetrie an sich erheblich erweitert.

Viele natürliche Formationen, die unregelmäßig erscheinen mögen, besitzen eine erkennbare statistische Selbstähnlichkeit. Sie sehen also in allen möglichen Größenordnungen gleich aus. Darüber hinaus gilt umgekehrt, dass komplexe Phänomene eine verborgene Ordnung haben und relativ simple Formeln hochkomplizierte Figuren erzeugen können. Die berühmte Mandelbrot-Menge (Hintergrund gegenüber) ist wohl das komplizierteste Beispiel für diesen Effekt.

Tatsächlich weisen viele organische Strukturen die *fraktalen* Eigenschaften der Selbstähnlichkeit auf, etwa der Kreislauf von Tieren. Die Verzweigungssysteme von Blutgefäßen, die sich in einem immer kleineren Maßstab wiederholen, ermöglichen die effizienteste Zirkulation des Blutes zu jedem Körperteil.

In der Mathematik können viele Arten von Fraktalen unendlich groß werden, doch in der realen Welt ist dies selten der Fall: Blutgefäße werden nicht unendlich klein, genauso wenig wie Windungen in den Windungen des fraktalen Blumenkohls. Die Natur nutzt die fraktale Geometrie, wo sie von Vorteil ist.

Sierpinski-Dreieck   Koch-Flocke   Mengerschwamm   Sierpinski-Sechseck

Fraktale hängen mit den gewaltigen Fortschritten in Informatik und Chaostheorie zusammen, doch ihre Geometrie hat eine eigene Geschichte. Die oben dargestellten Formen aus dem frühen 20. Jahrhundert galten ursprünglich als mathematische Kuriositäten, die die Vermischung von endlichen Räumen mit unendlichen Grenzen demonstrierten.

PENROSE-KACHELN UND QUASIKRISTALLE
Überraschende 5-fache Symmetrien

Mitte der 1980er Jahre wurde die Welt der Kristallographie überrascht von einem völlig neuartigen Material zwischen den Zuständen des Kristallinen und des Amorphen. Besonders verblüffend war dieser neue Materiezustand, weil er auf einer 5-fachen Symmetrie zu basieren schien, die gegen die Grundgesetze der Kristallographie verstieß. Bis dahin ging man davon aus, dass nur 2-, 3-, 4- und 6-fache Symmetrien die Gitterstruktur erzeugen könnten, auf der sich Kristalle bildeten. Das neue Material, nach seinem Entdecker Shechtmanit (3) benannt, wurde bald als Quasikristall eingestuft, und nach und nach erschienen andere Beispiele dieser Materialien (die auf der Skala der Feststoffe irgendwo zwischen echten Kristallen und Glas liegen). Natürlich gab es bald auch neue Anwendungen für diese exotischen Stoffe. Stark vergrößerte Mikroskopbilder und Röntgenbrechungsmuster quasikristalliner Strukturen zeigen ungewöhnliche dodekaedrische Symmetrien und das Auftreten des *phi*-Verhältnisses.

Interessanterweise hatte der Oxforder Mathematiker R. Penrose diese Symmetrien in den frühen 1970er Jahren vorweggenommen, als er zwei nichtperiodische Parkettierungen erzeugte, die auf einer annähernd pentagonalen Symmetrie beruhten (4, 5, 6). Wie Quasikristalle haben diese Muster Elemente einer langfristigen Ordnung trotz ihrer 5-fachen Symmetrie – und sie füllen die Ebene auf unendlich vielfache Weise.

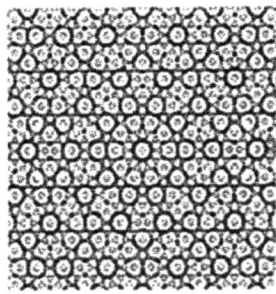  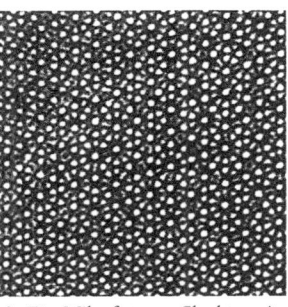

1. Ein Fließmuster mit 5-facher Symmetrie.
2. Ein ungewöhnliches 5-faches islamisches Ziermosaik.
3. Ein Mikrofoto von Shechtmanit, das seine 5-fache Struktur zeigt.

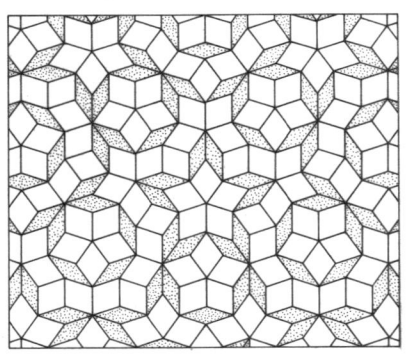 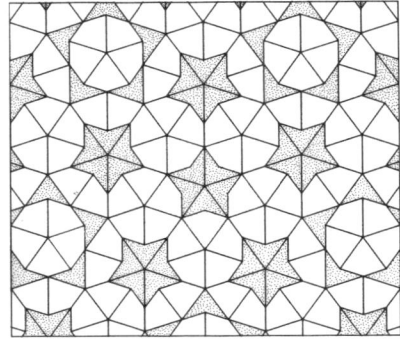

4. Penrose-Parkettierung Nr. 1 mit 2 goldenen Karos. 5. Penrose-Parkettierung Nr. 2 mit goldenen Darts und Pfeilen. Es ist zwar unmöglich, die Ebene nur mit Fünfecken zu füllen, doch Penrose-Kacheln (6) lassen sich auf vielfache Weise auslegen.

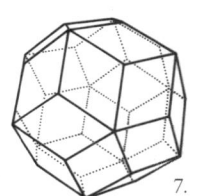

7. Das Rhombentriakontaeder, die 3-D-Entsprechung einer Penrose-Kachel und der Baustein eines Quasikristalls.
8. Shechtmanit-»Flocken« entstehen, wenn eine Aluminium-Mangan-Legierung rasch abkühlt.

Asymmetrie
Das Paradox der Unbeständigkeit

Wo endet Symmetrie und wo fängt Asymmetrie an? Sehen Sie sich einmal das römische Mosaik auf dem Umschlag dieses Buches genau an. Ist es symmetrisch oder nicht? Es gibt zwar eine offenkundige Gesamtsymmetrie, aber bei genauerer Untersuchung weisen alle Rhomben ein anderes Muster auf, ebenso wie ihre Umrandungen. Vielleicht kann man bei dieser Komposition am besten von einer etwas gestörten Symmetrie sprechen – einem Musterbeispiel des in der Einleitung erwähnten Paradoxes, dass Symmetrie nicht von Asymmetrie zu trennen ist.

Eine der bedeutendsten Entdeckungen in neuerer Zeit besagt, dass die Vorstellung von »gebrochener« Symmetrie tiefe kosmologische Implikationen hat (mehr dazu auf Seite 52), aber es ist klar, dass sehr viele Dinge auf der Welt so sind. Wohin man auch sieht, überall gibt es verschiedene Arten der Symmetrie und ebenso Abweichungen von ihr. Der menschliche Körper etwa ist in seiner allgemeinen Form bilateral (oder dorsiventral), und einige innere Organe wie Lunge und Nieren folgen dieser Symmetrie, andere aber, wie Verdauungstrakt, Herz und Leber, nicht. Und selbst die Gesamtsymmetrie ist nur annähernd gegeben. Die meisten Menschen haben eine Hand, die sie besser benutzen können, oder ein Auge, das schärfer sieht als das andere. Die linke und rechte Gesichtshälfte weisen subtile Unterschiede auf.

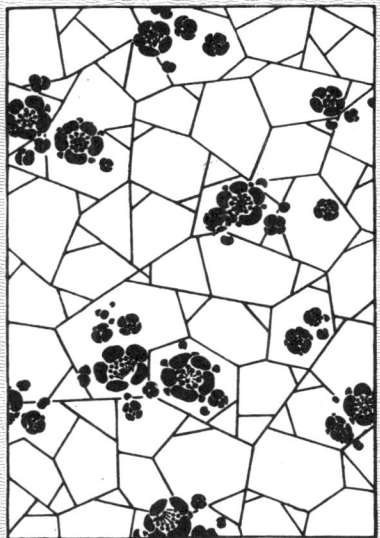

Bei lebenden Organismen beruhen die Abweichungen vom Bilateralismus generell auf evolutionärer Zweckmäßigkeit. Wo eine Spiegelsymmetrie angemessen oder notwendig ist, wird sie beibehalten, andernfalls wird sie modifiziert oder aufgegeben. Viele Arten haben sich für die Ungleichheit in verschiedenen Graden entschieden, doch wir dürfen sicher sein, dass Kreuzschnabel, Winkerkrabbe und Begonienblatt sehr gute Gründe hatten, ihre Asymmetrie anzunehmen.

*

Es gibt noch einen anderen Aspekt der Asymmetrie, nämlich ihre Verwendung in Kunst und Design. Aus verschiedenen Motiven werden Asymmetrien bewusst in ein Design eingeführt, aus Gründen der Religion oder des Aberglaubens oder einfach aus dem Impuls heraus, eine gewisse dynamische Spannung zu erzeugen (das gilt besonders für die japanische Kunst). Trotz aller Gründe für die gezielte Verwendung von Asymmetrien ist sie ironischerweise mit einer stillschweigenden Anerkennung der Vorstellung von Symmetrie verbunden. Die Asymmetrie in der Kunst ist also meist auf der einen oder anderen Ebene eine Reaktion auf dieses grundlegende Ordnungsprinzip.

SELBSTORGANISIERENDE SYMMETRIEN

Regelmäßigkeiten in nichtlinearen Systemen

Viele natürliche Muster weisen subtilere Regelmäßigkeiten auf als die geordneten Symmetrien von Kristallen. Einige entstehen nach ganz leichten Regeln, andere aufgrund komplexer Faktoren. Diese »Li« (gegenüber) drücken eine gewisse Universalität aus, und ihre Symmetrien sind eher fließend als starr. Die einfachen Wellenmuster am Meeresboden etwa werden von vielfältigen Faktoren wie Gezeiten, Strömungen und Winden erzeugt – von den allgemeinen Wirkungen von Schwerkraft und Sonnenwärme ganz zu schweigen. All diese Faktoren gehen in eine selbstorganisierende, selbstbegrenzende Ordnung ein, deren Zauber darauf beruht, dass sie repetitiv und doch unendlich variabel ist.

Auch Flüsse sind selbstorganisierend. Ein sanfter Bach wie ein breiter Strom tendiert dazu, ähnlichen Mäanderwegen zu folgen. Diese Schleifen und Biegungen stimmen jedoch mit genau definierten mathematischen Parametern überein. Ähnliche Beschränkungen bedingen die hierarchischen Muster von Flussabläufen. Flüsse formen das Terrain, durch das sie fließen, und werden zugleich von ihm geformt, aber viele subtile Faktoren begrenzen und beeinflussen ihre Form.

Skaleninvariante Symmetrien treten auch in den Frakturmustern von Schlammrissen und Keramikcraquelés auf. Derartige Gebilde entstehen meist aufgrund von Spannungen beim Schrumpfen. Es gibt zwar Variationen bei den Rissen in verschiedenen Materialien und unter unterschiedlichen Bedingungen, aber alle haben eine Gesamtkonsistenz, und viele besitzen skalierende Eigenschaften. Sie werden durch das Lösen von Spannung geformt und begrenzt, und darum sind sie progressiv und selbstorganisierend – und natürlich sind sie ihrem Wesen nach meist fraktal.

SYMMETRIEN IM CHAOS
Regelmäßigkeiten in hochkomplexen Systemen

Unveränderlichkeit ist mit Symmetrie gleichzusetzen, daher ist die Turbulenz, der Inbegriff eines gestörten Systems, scheinbar kein Kandidat für Symmetrien. Lange stellte die Physik turbulenter Systeme die Wissenschaft vor unlösbare Probleme und ist noch immer nicht völlig zu verstehen. Als man jedoch die Rolle sogenannter *seltsamer Attraktoren* bei dem Prozess erkannte, gelangte man zu neuen Einsichten und einem mathematischen Instrument im Umgang mit solchen komplexen Systemen.

Die kryptische Geometrie seltsamer Attraktoren war ein Teil der neuen nichtlinearen Mathematik der *Chaostheorien*. Für sie nehmen dynamische Systeme einen geometrischen Raum ein, dessen Koordinaten von den Systemvariablen abgeleitet sind. In linearen Systemen ist die Geometrie innerhalb dieses Phasenraums einfach, ein Punkt oder eine regelmäßige Kurve; in nichtlinearen Systemen sind weitaus komplexere Formen einzubeziehen: die seltsamen Attraktoren. Einer der berühmtesten ist der Lorenz-Attraktor (1, 2), die Grundlage chaotischer Modelle der Wettervorhersage (einschließlich der Eiszeiten). Ein anderes klassisches Beispiel ist der tropfende Wasserhahn (3), ein Experiment, bei dem schöne regelmäßige Formen in scheinbarer Zufälligkeit auftreten.

Wie wir gesehen haben, ist die fraktale Geometrie vielen Aspekten der Chaostheorie immanent – und Fraktale sind erwartungsgemäß eng mit Attraktoren verknüpft. Alle seltsamen Attraktoren sind fraktal, ebenso wie die *Feigenbaum-Kartographie*, eine Art von Masterattraktor. Die *Feigenbaum-Konstante*, die Basis dieser Kartographie, sagt die komplexe Periodenverdoppelung in einem ganzen Bereich nichtlinearer Phänomene voraus, auch in dem der Turbulenz (4). Der Feigenbaum-Wert ist rekursiv und taucht bei jeder wiederholten Periodenverdoppelung auf – eine universale Konstante wie *pi* oder *phi* mit einer ähnlichen symmetrischen Potenz.

1. Der Lorenz-Attraktor weist zwei symmetrische Zustände auf, zwischen denen er gelegentlich wechselt.

2. Ein schwächerer Lorenz-Attraktor erzeugt eine komplexere Zone von Wahrscheinlichkeiten.

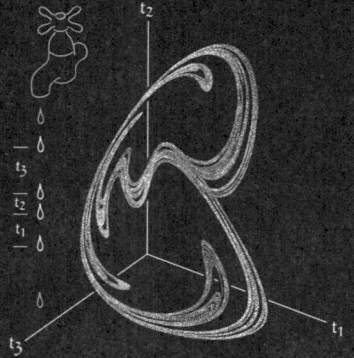

3. Die Zeiten zwischen aufeinanderfolgenden Tropfen aus einem Hahn, dargestellt als x, y und z, bilden einen seltsamen Attraktor im dreidimensionalen Phasenraum.

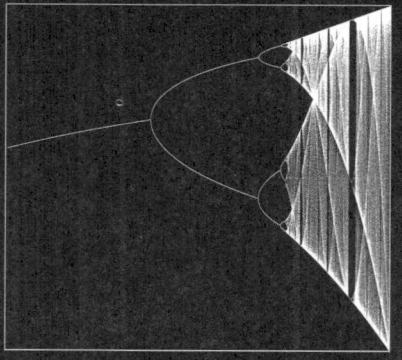

4. Das Bifurkationsdiagramm eines dynamischen Systems belegt die Gegenwart der fraktalen Feigenbaum-Konstante.

SYMMETRIE IN DER PHYSIK
Invarianz und die Naturgesetze

Da die Energie in geschlossenen Systemen gleich bleibt, gilt das Gesetz der Energieerhaltung heute als Symmetriegesetz. Die Geschichte der Physik (zumindest in der Neuzeit) ließe sich als Folge von Entdeckungen solcher universaler Erhaltungsprinzipien charakterisieren. Die großen Entdeckungen Galileis und Newtons über die Schwerkraft etwa waren die Anerkennung physikalischer Gesetze, die die materielle Welt beeinflussen und doch in gewissem Sinn unabhängig von ihr sind. Newtons Gesetze, die eine auf alle Objekte wirkende symmetrische Kraft postulierten, enthüllten die Invarianz der Schwerkraft, die überall im Universum gleich ist. Einstein entdeckte weitere Symmetrien, als er diese Gesetze auf einen sich bewegenden und sich beschleunigenden Beobachter anwandte – die Basis seiner Allgemeinen Relativitätstheorie.

Die Schwerkraft gilt heute als eine von vier fundamentalen Naturkräften. Es war eine der größten intellektuellen Leistungen des 20. Jahrhunderts, als die Mathematikerin Emmy Noether den Zusammenhang zwischen diesen dynamischen Kräften und der Symmetrie herstellte. Da sich die Gesetze der Physik auf jeden Teil des gewöhnlichen Raums gleichermaßen anwenden lassen, besitzen sie eine Translationsinvarianz, die auf der grundlegenden Ebene eine Folge (oder Entsprechung) des Drehimpulserhaltungsgesetzes ist. Physikalische Gesetze ändern sich nicht im Lauf der Zeit, sie sind zeitlich gesehen symmetrisch, was zu einem *Erhaltungsgesetz* führt, in diesem Fall der Erhaltung von Energie. In der Physik gibt es heute einen absoluten Zusammenhang zwischen Symmetrie und den Naturgesetzen, so dass Physiker auf ihrer Suche nach neuen Erhaltungsgesetzen bewusst nach *Invarianz* Ausschau halten. Die Wirklichkeit ist anscheinend von verborgenen Symmetrien durchwirkt.

NOETHERS THEOREM

»Zu jeder kontinuierlichen Symmetrie eines physikalischen Systems gehört eine Erhaltungsgröße und umgekehrt.« Emmy Noether, 1915

Symmetrie in der Kunst
Beschränkung und kreative Möglichkeiten

Angesichts ihrer Universalität müssen wir die Kunst als menschlichen Grundimpuls betrachten, doch ihre Ziele, Methoden und Rollen in der Gesellschaft sind so unterschiedlich wie die kulturellen Gegebenheiten selbst. Kunst kann magischen oder religiösen Zwecken dienen und repräsentativ oder dekorativ sein – aber ihr Stil bindet sie an bestimmte Zeiten und Orte. Wo Symmetrien jeder Art in der Kunst präsent sind, hängen sie eng mit den Besonderheiten eines Stils zusammen. Wir Menschen sind offenbar symmetriebewusste Wesen, Mustersucher von Natur aus, so dass diese Prinzipien in der Kunst nie völlig außer Betracht bleiben. Vor allem treten symmetrische Arrangements in den dekorativen Künsten auf. Die Rolle von Verhältnis, Proportion und Symbolik in den schönen Künsten und der Architektur wird später untersucht (siehe Seite 56).

Stammesvölker verwenden in ihrer Kunst fast überall die symmetrischen Grundfunktionen von Reflexion und Rotation. Besonders bilaterale Anordnungen sind effektive Kompositionsmöglichkeiten, und dieser Methode bedienen sich Naturvölker ebenso wie technisierte Gesellschaften. Weit verbreitet sind auch Diedersymmetrien, kunstvolle Beispiele sind die schönen Rosetten gotischer Kathedralen (10). Die Rolle der Symmetrie in der Kunst weist jedoch große kulturelle Schwankungen auf. In manchen Kulturen ist sie von geringer Bedeutung, andere schöpfen ihre Möglichkeiten voll aus. Interessanterweise reicht diese Faszination (oder ihr Fehlen) bis in die Gegenwart. Natürlich haben künstlerische Traditionen, die zur Symmetrie neigen, in dieser Hinsicht stets ein reichhaltigeres Vokabular entwickelt und dekorative Möglichkeiten umfassend erprobt.

1. Pueblo-Keramik

2. Keltisches Sieb

3. Inka-Teller

4. Islamisches Motiv

5. Seldschukenmosaik

6. Romanisches Emblem

7. Persische Keramik

8. Nordpazifisches Kästchen

9. Detail aus Ainu-Wappen

10.

MANIE FÜR MUSTER
Der ewige Reiz wiederholter Designs

Muster entstehen bei vielen Tätigkeiten wie Stricken, Weben, Mauern oder Kacheln zwar fast von selbst, doch die Musterbildung wird oft zum integralen Bestandteil der eigenständigen stilistischen Konventionen einer Kultur. Obwohl die meisten Kulturen Muster als Teil ihres dekorativen Repertoires nutzen, scheinen einige zu unterschiedlichen Zeiten und an verschiedenen Orten auf die Musterbildung als Form des künstlerischen Ausdrucks geradezu fixiert zu sein. Bekannt ist die komplexe Vielfalt islamischer Muster, aber auch in der keltischen Welt, Mittelamerika, Byzanz, Japan und Indonesien ist diese Tradition sehr verbreitet. Selbst Menschen aus Kulturen, die dem Muster nicht besonders zugetan sind, wissen Ornamente durchaus zu schätzen; sie besitzen Universalität.

Die regelmäßige Musterbildung erfordert stets ein Ausmessen des verfügbaren Raums. Daher muss sich der Künstler mit den Regeln befassen, die für die Symmetriegruppen der Parkettierung gelten (siehe Anhang). In der Praxis jedoch bedeuten diese Begrenzungen weniger eine Beschränkung des Designs als eine weitere Gelegenheit zur Vielfalt.

Interessanterweise kamen zumindest zwei künstlerische Traditionen, die des Alten Ägypten und des Islam, der Nutzung aller 17 Klassen ebener Muster recht nahe. Man könnte behaupten, dass die unbewusste, aber systematische Erprobung von Symmetriegruppen den Unterschied zwischen der künstlerischen Tätigkeit der Musterbildung und der Wissenschaft verwischt.

   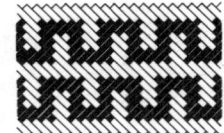

HARMONIE
Sublime Proportionen

Die Renaissance erlebte die Wiedergeburt klassischer Symmetrievorstellungen. Die Idee der Symmetrie als harmonische Anordnung von Teilen, wie sie der Römer Vitruv darlegte, ging auf ältere griechische Ansichten von der fundamentalen Ordnung und Harmonie im Universum zurück. Diese Denkrichtung wird meist mit der einflussreichen Philosophie von Pythagoras und seinen Anhängern verbunden, für die die Geometrie (insbesondere von Verhältnissen und Proportionen) der Schlüssel zu einem tieferen Verständnis des Kosmos war.

Die Idee einer harmonischen Entsprechung zwischen den Teilen eines Systems und dem Ganzen ist faszinierend – und es gibt zahlreiche Belege dafür, dass spezielle Proportionen in der antiken Architektur in Europa wie in anderen Traditionen verwendet wurden. Dies führte man bis zu einem gewissen Ausmaß in jenen Kulturen fort, die die klassische Tradition übernahmen – etwa in der islamischen Welt und in gotischen Kathedralen ebenso wie in der Renaissance.

In seinem bedeutenden Werk *De Architectura* definierte Vitruv diese Prinzipien: »Symmetrie ... wird von der Proportion erzeugt; Proportion ist die Übereinstimmung der Glieder am ganzen Bau mit dem Gesamtbau.« Unter dem Einfluss dieser Ideen führte der Renaissancearchitekt Alberti ein pythagoreisches System von Verhältnissen in die Architektur ein, wobei er diese Konzepte auf die Dimensionen des menschlichen Körpers bezog – was von Künstlern wie Albrecht Dürer und Leonardo da Vinci begeistert aufgegriffen wurde.

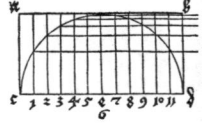  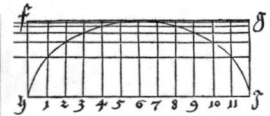

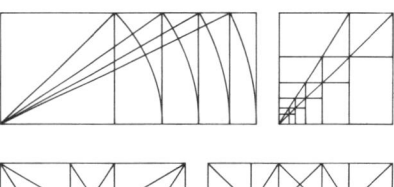
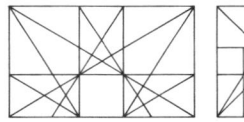
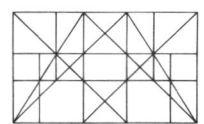

1. Modulare Reihe proportionaler Rechtecke, lässt sich aus verschiedenen Verhältnissen erzeugen wie Quadrat- und Kubikwurzel und phi.

2. Viele alte Kulturen verwendeten Systeme mit harmonischer Proportion in ihrer Architektur.

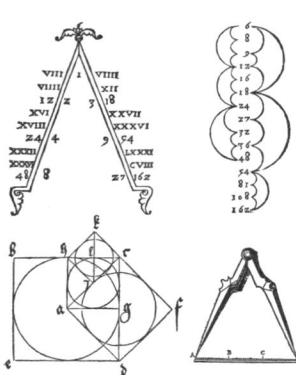

FORMALISMUS
Symmetrie als Symbol für Stabilität

Symmetrie ist häufig mit Orten und Anlässen verbunden, die Förmlichkeit vermitteln sollen – daher die Symmetrien der Architektur von Palästen, Regierungsgebäuden und Andachtsstätten. Zeremonielle Darbietungen, architektonische Gärten und formale Tänze basieren ebenfalls auf regelmäßigen Arrangements. Die Symmetrie soll Dauerhaftigkeit und Stabilität symbolisieren, wofür natürlich jede Herrschaftsform stehen möchte. Der Formalismus richtet sich somit nach der einen oder anderen Vorstellung von Ordnung.

In solchen Schemata geht der Individualismus meist im großen Muster unter. Die antiken Hochkulturen (das Ägypten der Pharaonen, Mesopotamien und Mittelamerika), in denen jedes Verhalten vorgeschrieben war, sind extreme Beispiele: Die gewaltigen Monumente, die sie hinterließen, belegen ihre rigiden Weltanschauungen. Die eindrucksvollen Pyramiden, Zikkurats und ähnlichen Bauten waren nicht nur das Bindeglied zwischen Himmel und Erde, sondern auch Modelle der hierarchischen Gesellschaften, von denen sie hervorgebracht wurden. Vor allem symbolisierten die symmetrischen Monumente dauerhafte Stabilität.

Diese alten Kulturen gingen zwar bei der Konfrontation mit dynamischeren Gesellschaften unter, doch ihr Gebrauch der Symmetrie als Metapher für offizielle Ordnung und Etikette überlebte. Rituale und Zeremonien spielen noch immer eine wichtige Rolle im politischen Leben, und die Symmetrie gehört nach wie vor zur Symbolik der Herrschaft.

ERLEBTE SYMMETRIEN
Wahrnehmungen und Weisungen

Die Symmetrie ist mit unzähligen natürlichen Strukturen verbunden, und Symmetriekonzepte sind ein wichtiges Instrument für ein tieferes Verständnis der physikalischen Welt geworden. Überdies hat die Symmetrie eine ästhetische Dimension und trägt zu unserer Vorstellung von Schönheit bei. Weniger greifbar ist die bedeutende Rolle, die dieses Ordnungsprinzip in unserem Leben als soziale Wesen spielt. Zunächst einmal ist die Symmetrie eine wesentliche Komponente der grundlegenden sozialen Normen der Gegenseitigkeit. Wir erwarten einen fairen Umgang im gesellschaftlichen Miteinander, und dieses Urgefühl von Fairness ist für uns Menschen ebenso natürlich wie anscheinend für unsere Vettern, die höheren Primaten. Darüber hinaus muss jedes Rechtssystem die Vorstellungen von Verhältnismäßigkeit widerspiegeln, symbolisiert im Bild der Waage, dieser anschaulichsten Darstellung von Symmetrie.

Verhältnismäßigkeit und Gegenseitigkeit spielen in jedem Glaubenssystem eine wesentliche Rolle. Die meisten Religionen behaupten, dass unser Handeln im diesseitigen Leben exakt das Schicksal im Jenseits bestimmt. Der Himmel hat sein umgekehrtes Äquivalent meist in der Hölle. Allerdings sind nicht alle religiösen Gebote so bedrückend:

Die eleganteste religiöse Weisung ist vielleicht die Goldene Regel, die von vielen spirituellen Führern verkündet wurde, zum Beispiel von Konfuzius, Jesus Christus und Hillel. Ebenso findet sie sich in Mahabharata und Leviticus und wird von den stoischen Philosophen empfohlen. Nach dieser Regel sollen wir andere so behandeln, wie wir selbst behandelt werden wollen, eine ethische Haltung, die sich kaum verbessern lässt – und die eine wunderschöne Symmetrie ausdrückt.

Oben: Ein Kaleidoskop verwandelt eine Zufallsgruppe in ein schönes Objekt.

Unten: Materie und Antimaterie, ein Elektron und ein Positron.

Oben: Das Gedränge von Quanten führt insgesamt zu einer symmetrischen Verteilung.

Unten: Symmetrie in einer Kaffeetasse.

ANHANG - GRUPPEN

PUNKTGRUPPEN:
2-D-Symmetrie um ein Zentrum, mit Rotation um ein Zentrum (links); Reflexion um eine Linie (Mitte) und Reflexion plus Rotation (rechts).

LINIENGRUPPEN:
2-D-Symmetrie entlang einer Linie. Die Kombination von Wiederholung, Rotation und Reflexion um eine Linie erzeugt 7 Liniengruppen, die sich theoretisch bis zur Unendlichkeit erstrecken können (rechts).

NETZE:
Die 5 Grundnetze (unten) sind die Raster, nach denen sich die Varianten ebener Muster konstruieren lassen.

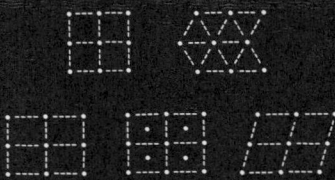

EBENE GRUPPEN:
Beim Erzeugen ebener Muster aus einem Motiv stoßen wir auf ähnliche Regeln (die gleichfalls zu einer Reihe kreativer Möglichkeiten führen). Mit Hilfe der Grundnetze kann ein Motiv durch jede Kombination von Rotation und Spiegelung bewegt werden, um exakt 17 Konfigurationen zu erzeugen (unten).

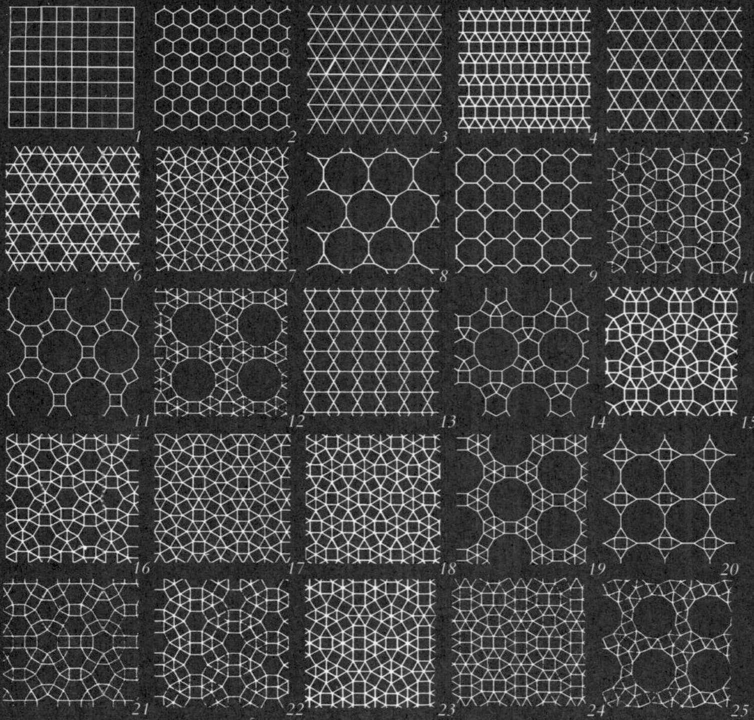

TEILUNG DER EBENE: Ähnliche Beschränkungen gelten für die regelmäßige Teilung/Parkettierung der Ebene. Bei regelmäßigen Polygonen gibt es nur 3 Möglichkeiten. Die mit 3, 4 und 6 Seiten (Quadrat, gleichseitiges Dreieck und Sechseck) füllen die Ebene allein, Fünfecke aber nicht – und dies ist einfach die Spitze einer hierarchischen Klassifikation der Ebenenteilung. Neben den 3 regulären Teilungen (1–3) gibt es 8 semireguläre Raster (4–11) und 14 demireguläre Raster (12–25), die zusammen alle Varianten mittels regulärer Polygone ergeben.

   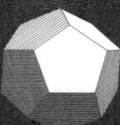 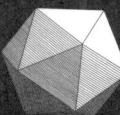

GLOSSAR

Algorithmus Eine mathematische Vorschrift zur Berechnung, einschließlich einer Abfolge von Verfahrensschritten.
Anordnung In der Mathematik eine regelmäßige Matrix.
Attraktor In dynamischen Systemen eine Menge, zu der sich ein System hin entwickelt.
Bewegung Die Veränderung eines kongruenten Objekts von einer symmetrischen Position zu einer anderen; kann direkt oder entgegengesetzt sein.
Bifurkation Der Vorgang der Teilung in zwei Zweige.
Bilateral Allgemein etwas, das 2 gleiche, aber umgekehrte Seiten hat; technisch gesprochen etwas, das in 2 Dimensionen um eine Spiegellinie, in 3 Dimensionen um eine Spiegelebene reflektiert wird.
Chaostheorie Mathematische Theorie, die sich mit scheinbarer Zufälligkeit befasst, die sich aus genauen, deterministischen Ursachen und verborgenen Übereinstimmungen in komplexen, nichtlinearen dynamischen Systemen ergibt.
Chiral Eine Figur, die mit ihrem Spiegelbild nicht deckungsgleich ist.
Diedersymmetrie Endliche, zentrierte Anordnung um Spiegellinien.
Dilatation Symmetrische Transformation durch Vergrößerung (oder Verkleinerung) mittels Linien, die von einem Zentrum ausstrahlen.
Diskret Bezeichnung für Symmetriegruppen, die kleinste Schritte, aber keine Infinitesimaloperationen erfordern, etwa in einem gleichseitigen Dreieck.
Dorsiventral Reflexion um eine einzige Spiegelebene in 3 Dimensionen.
Erhaltungsgesetz Ein Gesetz, das besagt, dass der Gesamtwert einer bestimmten Menge sich bei keiner Reaktion ändert.
Feigenbaum-Kartographie Selbstähnliche Kartierung, die durch »Renormierung« nicht verändert wird, also ein konstantes Skalenverhältnis hat.
Feigenbaum-Konstante Eine mathematische Konstante (4,6692016) mit dem Symbol δ; das Verhältnis zwischen aufeinanderfolgenden periodischen Verdoppelungen in der Feigenbaum-Kartographie.
Fraktal Eine geometrische Figur, die selbstähnlich ist, d. h. sich bei jeder Verkleinerung wiederholt.
Gnomon Eine geometrische Figur; wird sie zu einer anderen Figur hinzugefügt oder von ihr abgezogen, ergibt sich eine Figur, die dem Original gleicht.
Goldener Schnitt, Goldene Zahl Die Teilung einer Linie, so dass das Verhältnis der kleineren zur größeren Strecke gleich ist dem Verhältnis der größeren Strecke zur Gesamtlinie.
Grundnetze In der Parkettierung das Gitter, das die Einheitszelle erzeugt, die für den Wiederholungsmodus sorgt.
Gruppentheorie Die mathematische Sprache der Symmetrie (siehe Anmerkung).
Invarianz Unveränderlichkeit; in der Mathematik ein Ausdruck oder eine Größe, die sich nicht verändert; in der Physik eine Gleichheit von Gesetzen in Raum oder Zeit, praktisch synonym mit Symmetrie.
Isometrie Jede Bewegung oder Transformation, die eine Figur auf einer kongruenten Figur abbildet. Sie ist entweder direkt oder entgegengesetzt.
Isomorph Zwei Strukturen, die gleich sind, selbst wenn sie anders bezeichnet werden.
Kegelschnitte Kurven des zweiten Grades (da sie sich mit einer geraden Linie nur in zwei Punkten schneiden).
Kongruenz Bedeutet in der geometrischen Symmetrie, dass die an der Symmetrie beteiligten Einzelelemente sich in jedem Detail entsprechen und dass die Entfernung zwischen zwei Punkten in jedem Teil dieser Elemente regulär ist.
Kontinuierlich Bezeichnung für Symmetriegruppen mit einer unendlichen Anzahl von symmetrischen Operationen, d. h. eines Kreises.
Kurven Lassen sich als Punkt vorstellen, der sich entlang eines kontinuierlichen Weges oder Ortes bewegt; sie sind symmetrisch, wenn die Richtung dieses Ortes selbstkonsistent ist.
Periodizität Der reguläre Abstand von Elementen in Symmetrien.
Phasenübergang Ein kritischer Übergang eines Systems von einem Zustand in einen anderen, meist mit einer Veränderung in der Symmetrie verbunden, wie Schmelzen, Kochen, Magnetismus.
Phi Die Goldene Zahl $(\sqrt{5}-1)/2 = 0{,}6180339887$, Symbol ist φ.
Punktsymmetrien Symmetrien um einen Punkt oder eine Linie.
Reflexion Eine indirekte oder entgegengesetzte isometrische Bewegung um eine Spiegellinie in 2 Dimensionen oder um eine Spiegelebene in 3 Dimensionen.
Rotation Eine isometrische Bewegung um einen Punkt; das symmetrische Element kann in 2, 3, 4 oder mehr Positionen rotiert werden.
Seltsamer Attraktor Ein chaotischer Attraktor, hat keine ganzzahligen Dimensionen (siehe Attraktor).
Spiralen und Helices Sind symmetrisch aufgrund der Regelmäßigkeit, mit der sie sich um ein Zentrum bzw. eine Achse winden.
Symmetriegruppen Die Gruppen aller Isometrien, deren Elemente bei der Operation der Permutation invariant sind.
Tortuose Kurven Reguläre Kurven in 3-D, werden nach ihren Richtungsänderungen in 3 kontinuierlichen Punkten gemessen.
Transformation Eine Regel für eine Bewegung in einer Symmetrie.
Translation Transformationen, die Objekte verschieben, ohne sie zu drehen.
Wellengleichung Eine Differenzialgleichung, die den Durchgang harmonischer Wellen durch ein Medium beschreibt. Die Form der Gleichung hängt von der Art des Mediums und von den Prozessen ab, durch die die Wellen übertragen werden.

ANMERKUNG ZUR GRUPPENTHEORIE

Einer der bemerkenswertesten Aspekte von Symmetriegruppen ist das Ausmaß, in dem sie in der Natur vorkommen – im Grunde könnte man sagen, die Natur sei durch Symmetrie definiert. Die Gruppentheorie, die grundlegende mathematische Beschreibung von Symmetrien, klassifiziert die verschiedenen Arten nach den Operationen, durch die sie entstehen: Rotationen, Reflexionen, Wiederholungen und ihre verschiedenen Kombinationen. Nach diesem allgemeinen Schema gibt es diskrete und kontinuierliche Symmetrien. Da eine Symmetrie durch die Bewegung definiert ist, die erforderlich ist, um ein Objekt in seine ursprüngliche Position zurückzubringen, besteht eine diskrete Symmetrie aus einer Reihe einzelner Schritte, um dies zu erreichen, etwa wie in den Regelmäßigkeiten eines gleichseitigen Dreiecks. Die Punkt- und Liniengruppen, denen wir in diesem Buch wiederholt begegnen, gehören dieser Kategorie an. Kontinuierliche Symmetrien hingegen sind über infinitesimale Bewegungen von Winkel und Strecke hinweg konstant – Kreise in 2-D-Kreisen bzw. 3-D-Kugeln gehören zu dieser Art. Kontinuierliche symmetrische Gruppen werden mathematisch von einem besonders eleganten Zweig der Algebra beschrieben, der sogenannten Lie-Gruppentheorie.

Im späten 19. Jahrhundert klassifizierte der französische Mathematiker Élie Cartan (1869–1951) mit Lie-Gruppen jede mögliche Variante dieser Symmetrieklasse. Diese erschöpfende Arbeit hielt sich als ein etwas obskurer Zweig der Mathematik bis in die frühen 1960er Jahre, als Murray Gell-Man vom Caltech darin das perfekte Instrument zur Behandlung der damals entdeckten subatomaren Teilchen erkannte. Bald stellte sich heraus, dass die Lie-Symmetrien SU(3) absolut mit den aufkommenden Feldtheorien der Quantenphysik übereinstimmten, so dass die Existenz und die Eigenschaften einiger Teilchen vorhergesagt wurden, bevor sie tatsächlich entdeckt wurden. Ebenso wurden die vier Grundkräfte (Gravitation, Elektromagnetismus sowie schwache und starke Kraft) mit Hilfe der Eichsymmetriegruppen U(1) X SU(2) X SU(3) beschrieben. Somit lassen sich die gegenwärtigen kosmologischen Vorstellungen in Bezug auf das sogenannte Standardmodell von fundamentalen Teilchen und Antiteilchen in Form von symmetrischen Gruppen beschreiben. Heutige Kosmologen stehen vor der Aufgabe, die Grundkräfte mit dieser neuen periodischen Tabelle in einem großen symmetrischen Schema zu vereinen.